U0325264

So Funny!

超爱玩黏土

兜兜 / 著

湖南科学技术出版社

图书在版编目（CIP）数据

超爱玩黏土 / 兜兜著. -- 长沙：湖南科学技术出版社，2017.9
ISBN 978-7-5357-9244-0

Ⅰ．①超… Ⅱ．①兜… Ⅲ．①黏土－手工艺品－制作－儿童
读物 Ⅳ．①TS973.5-49

中国版本图书馆 CIP 数据核字(2017)第 098066 号

CHAOAIWAN NIANTU
超爱玩黏土

著　　者：兜兜
责任编辑：杨　旻　李　霞
出版发行：湖南科学技术出版社
社　　址：长沙市湘雅路 276 号
　　　　　http://www.hnstp.com
湖南科学技术出版社天猫旗舰店网址：
　　　　　http://hnkjcbs.tmall.com
邮购联系：本社直销科 0731-84375808
印　　刷：湖南省汇昌印务有限公司
　　　　　（印装质量问题请直接与本厂联系）
厂　　址：长沙市开福区东风路福乐巷 45 号
邮　　编：410003
版　　次：2017 年 9 月第 1 版第 1 次
开　　本：710mm×1000mm　1/16
印　　张：8
书　　号：ISBN 978-7-5357-9244-0
定　　价：39.80 元

超轻黏土
介绍

超轻黏土的概念

　　超轻黏土是黏土中的一种，相比其他种类的黏土，超轻黏土捏塑更容易，手感更舒适，造型也更方便。超轻黏土的颜色种类很多，还可以相互混合调出新的颜色。

　　早些时候，超轻黏土一度在日本比较盛行。近年来，因为入门容易、上手快、作品可爱等特点，超轻黏土在我国也开始流行起来。

超轻黏土的特性

　　超轻黏土，顾名思义具有轻、柔的特点，捏塑时不粘手，不易留残渣。它有多种颜色，并且可以按照比例将单色进行搭配混色。除此之外，超轻黏土也可以结合其他材质进行捏塑，例如金属、纸张、玻璃等。待作品干燥定形后，可以用油彩、水彩、亚克力颜料等给作品上色。超轻黏土本身具有很高的包容性。

　　超轻黏土的原材料易于保存，可以对其进行密封以保持湿润，在快干的时候加入适量水保湿，黏土就能恢复原状。超轻黏土的作品不需要烘烤，自然风干即可。干燥的速度取决于作品的体积大小，作品体积越小则干燥的速度越快。在妥善保存的情况下，作品可以保存四五年。

超轻黏土的用途

　　超轻黏土最广泛的用途是用作手工艺捏塑的素材，它适用于公仔、玩偶、胸针等的制作。在淘吧、手工艺品工作室等地方都可见其身影，它还在中小学美术教学和家庭亲子活动中扮演着重要角色。

　　超轻黏土本身安全无毒，对手工客们的皮肤没有伤害。但是，它的组成成分含有防腐剂和有机发泡粉等，因此应该避免 3 岁及 3 岁以下年龄的小孩玩耍，以防小孩误食。

工具介绍

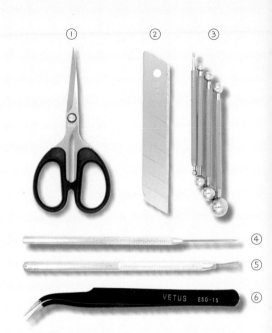

① 剪 刀
  用来修剪和修饰形状等

② 小刀片
  用来切出自己想要的形状

③ 丸 棒
  用来压出小坑之类的形状

④ 钢 针
  细小的部件可用钢针来粘取黏合

⑤ 七本钢针
  可用来挑，也可以直接戳

⑥ 小镊子
  用来夹取粘在黏土上应去掉的小碎屑

基础知识

黏土调色：三原色。

红色 + 蓝色 = 紫色   黄色 + 红色 = 橙色   黄色 + 蓝色 = 绿色

白色和任何颜色调和，都会降低其他颜色的明度，例如：

黑色 + 白色 = 灰色   红色 + 白色 = 粉色

基本形状：圆球体，小山头形状，长方体，矩形。

注意事项

1. 产品使用前要充分揉捏。

2. 产品使用后要密封保存，避免阳光直射。

3. 产品使用时表面如是干硬状请喷洒少许水分。

4. 产品喷洒水时如有掉色请继续揉捏，使黏土吸收掉色。

5. 产品制作完成后请自然干燥，无需加热干燥。

6. 不适合 3 岁以下儿童使用，慎防儿童吞食。

Contents
目录

美食

Chapter
01

Fruits and vegetables
果蔬

Chapter

01

果蔬

Fruits
and
vegetables

香蕉

材料 黄色、黑色黏土

工具 绿色丙烯颜料，画笔

1. 取黄色黏土做成两头尖尖的圆柱体。

2. 用手指摁压出香蕉的纹理。

3. 俯拍的效果。

4. 用绿色丙烯颜料，将香蕉两端涂抹。

5. 涂抹完成后的效果。

6. 取黑色黏土，如上图粘在香蕉两端，就做好啦。

鸭梨

材料 淡黄色、咖啡色黏土

1. 取淡黄色黏土，做成梨子的形状。

2. 接着取咖啡色黏土做梨把儿。

3. 最后取咖啡色黏土粘一些小点儿在梨的上部，梨子就做好啦。

西红柿

材料 红色、橘色、绿色黏土

工具 丸棒，小刀片

1. 取红色、橘色黏土揉合，调出橘红色。

2. 做成球体，摁扁一点，用丸棒在顶部轻压。

3. 俯拍的效果。

4. 用小刀片压出四条线，用手轻轻涂抹修饰。

5. 西红柿果实完成后的效果。

6. 然后取绿色黏土，用小刀片切出长三角形。

7. 切出六个形状一致的长三角形，并粘在球体顶部。

8. 正面的效果。

9. 最后取绿色黏土做成小圆柱体，做西红柿的蒂，西红柿就做好啦。

胡萝卜

材料 橘色、绿色黏土

工具 小刀片

1. 取橘色黏土搓成一头尖尖的胡萝卜形状。

2. 然后取绿色黏土搓成小长条。

3. 将做好的小长条粘在胡萝卜较粗的一端，用小刀片做压痕。

4. 完成后的效果。

西瓜

材料 红色、白色、绿色、黑色黏土

工具 小刀片

1. 取红色黏土,用小刀片切成三角形。

2. 俯视的效果。

3. 将底部两个角轻轻抹起来一下,使之看起来有弧度。

4. 用白色黏土做成长矩形,粘在底部。

5. 再取绿色黏土做成长矩形,粘在白色黏土下,西瓜皮就做好啦。

6. 最后取黑色黏土做成小雨点形状,作为西瓜籽粘上去,西瓜就完成了。

7

葡萄

材料 紫色、绿色、咖啡色黏土

工具 小刀片

1. 取紫色黏土搓成小球体。

2. 搓多个紫色小球体。

3. 接着做叶子，取绿色黏土摁扁，做成一端尖尖的形状，然后用小刀片修饰。

4. 把做好的紫色球体粘在一起。

5. 取咖啡色黏土，搓两个小长条做成葡萄串的把儿。

6. 然后把叶子粘上去，葡萄就做好啦。

草莓

材料 红色、淡黄色、绿色黏土

工具 小刀片、丸棒

1. 取红色黏土，搓成一端尖尖的圆椎体。

2. 然后用小刀片压痕。

3. 用手轻轻涂抹修饰。

4. 侧面的效果。

5. 接着用丸棒压出小坑。

6. 取淡黄色黏土做小雨点形状，塞进小坑里面。

7. 取绿色黏土用小刀片切六个同样大小的长三角形。

8. 取绿色黏土做小圆柱体成为蒂。

9. 蒂粘完后，草莓就完成啦。

白菜

材料 浅绿色、白色黏土

工具 小刀片

1. 先做白菜的叶子，取浅绿色黏土摁扁，做成椭圆形。

2. 用小刀片做修饰。

3. 同1、2步的方法再做三片叶子。

4. 取白色黏土做成一端尖尖的形状，粘上去。

5. 再继续做小点缀。

6. 同4、5步的方法做另外三片叶子。

7. 然后取白色黏土搓成一个一端尖尖的圆椎体，粘在菜叶中间。

8. 侧面的效果。

9. 将剩下的三片一起粘上去。

10. 再做圆形底部，白菜就做好啦。

哈密瓜

材料 灰色、绿色、肤色黏土

1. 取灰色、绿色黏土揉合（用量如上图），调出灰绿色，成为哈密瓜的颜色。

2. 将调好颜色的黏土搓成一个球体。

3. 接着用肤色黏土搓又长又细的线。

4. 将搓好的线粘在哈密瓜上，成为错综复杂的纹理。

5. 最后再加一个哈密瓜蒂就做好啦。

13

火龙果

材料 玫红色、白色、绿色、黑色黏土

工具 小刀片

1. 取玫红色黏土，做成底部平整的水滴状造型。

2. 接着用小刀片切出火龙果表皮的纹理。

3. 然后取白色黏土做成椭圆形，粘上去。

4. 取绿色黏土搓成扁平形，然后如图粘在火龙果的表皮上。

5. 最后用黑色黏土做籽儿，做好后粘上去。

6. 火龙果就做好啦。

花菜

材料　白色、绿色黏土

工具　钢针

1. 取一大块白色黏土，揉成不规则形状。

2. 然后用钢针修饰纹理。

3. 取绿色黏土做成雨滴形状，成为其叶子。

4. 然后再用白色黏土摁扁，如上图做点缀。

5. 将做好的叶子包裹在花菜周围。

6. 花菜就做好啦。

玉米

材料 黄色、绿色黏土

工具 小刀片

1. 取黄色黏土搓成一端尖尖的圆锥体，作为玉米芯。

2. 然后搓许多小球，做成玉米粒。

3. 将玉米粒全部粘到玉米芯上，做成如上图效果。

4. 接下来做叶子。取绿色黏土压扁，用小刀片切出叶子形状。

5. 用小刀片在叶子上切出纹理。

6. 将做好的叶子粘到玉米棒上，玉米就做好啦。

Food

美
食

马卡龙

材料 肤色、红色、白色黏土

工具 七本钢针，光油

1. 将肤色和红色黏土揉合（用量如上图），调出淡粉色。

2. 用调好的淡粉色黏土，搓两个一样大的球。

3. 将圆球压扁。

4. 取白色和肤色黏土揉合（用量如上图），调出夹心颜色。

5. 夹心做扁圆，依次黏合。

6. 取淡粉色黏土（折叠两层）拉长。

7. 一边拉长，一边将其黏合在马卡龙周围。

8. 用七本钢针稍做纹理。

9. 用光油涂抹（效果逼真）。

10. 马卡龙就大功告成。

11. 马卡龙左手右手来做操。

甜甜圈

材料 肤色、黄色、粉色、咖啡色、蓝色、白色黏土

工具 丸棒

1. 取肤色、黄色、咖啡色黏土调甜甜圈颜色（用量如上图）。

2. 用调好的黏土搓成一个球。

3. 将圆球用丸棒向中间压进去。

4. 底部稍作修整，做成如上图形状。

5. 取粉色黏土做成扁圆状，同样用丸棒向中间压进去。

6. 将做好的扁圆粘在顶端。

7. 取粉色、蓝色、黄色、白色黏土搓多根小细条，粘在甜甜圈表面。

8. 甜甜圈做好啦。

汉堡包

材料 肤色、黄色、咖啡色、绿色、白色黏土

工具 小刀片，七本钢针

1. 取肤色、黄色、咖啡色黏土调汉堡包颜色（用量如上图）。

2. 用调好的黏土，搓两个大小一样的球。

3. 将球压扁。

4. 取咖啡色黏土做成扁圆状（略厚），用来做肉饼，用七本钢针做纹理。取黄色黏土压扁，用小刀片切出正方形。

5. 接着做蔬菜，取绿色黏土做成扁圆状，用小刀片修饰成蔬菜叶形状。

6. 将做好的各部分按汉堡包的排放顺序叠在一起。

7. 用白色黏土做小芝麻粘到汉堡包的面包上，汉堡包就做好啦。

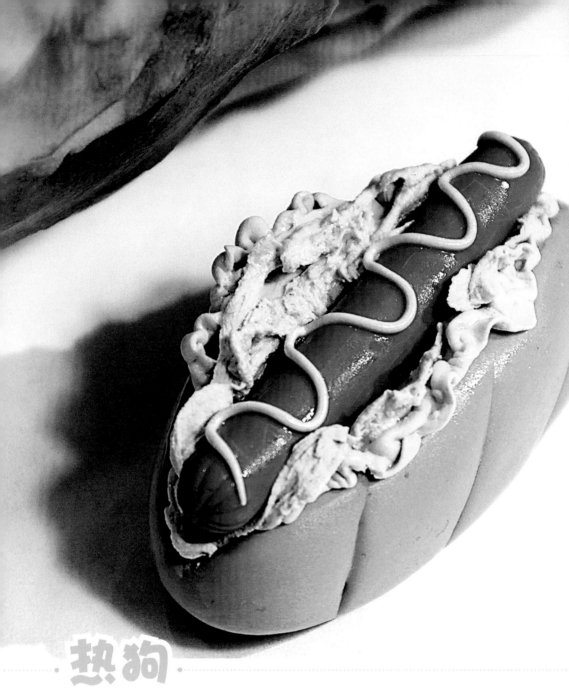

热狗

材料 肤色、黄色、咖啡色、浅绿色、白色、红色黏土

工具 小刀片

1. 取肤色、黄色、咖啡色黏土揉合在一起。

2. 搓成椭球体。

3. 用小刀片在中间切一条小缝。

4. 用小刀片压几条缝。

5. 取浅绿色、黄色、白色黏土揉合后，搓成蔬菜样颜色。

6. 做好蔬菜叶片后，用小刀片在边缘做修饰。

7. 蔬菜需要做两片，粘在面包里面，再取红色黏土搓小圆柱做成香肠，用小刀片在两端做修饰。

8. 将做好的香肠粘在面包上，再用黄色黏土做细长条，粘在香肠上。

9. 热狗做好啦。

黄油面包

材料 白色黏土

工具 小刀片，光油，画笔，黄色、红色、白色丙烯颜料

1. 取白色黏土搓成一个大的球体。

2. 然后分成两团，搓成同样大小的两个小球体。

3. 轻轻压扁，将两端捏出尖尖的形状，并用小刀片压出纹理。

4. 用黄色、红色、白色丙烯颜料上色。

5. 白色颜料可涂厚一点，做出奶油的效果。

6. 涂抹光油，增加其光泽感。

7. 黄油面包做好啦。

蛋挞

材料 白色、黄色、肤色、咖啡色黏土

工具 青莲色、赭石色丙烯颜料，水彩颜料，画笔

1. 将白色、黄色、肤色、咖啡色黏土揉合（用量如上图），调出淡黄色黏土。

2. 取部分调好的淡黄色黏土，做成小碗的形状。

3. 取黄色黏土做成伞形。

4. 将黄色黏土放进做好的小碗状黏土中。

5. 取淡黄色黏土（折叠两层）拉长，边拉长边黏合在蛋挞周围。

6. 做成如上图的形状。

7. 用青莲色和赭石色丙烯颜料调和。

8. 做成如上图效果。

9. 再用水彩颜料涂抹蛋挞周围。

10. 将做好的蛋挞放进吃剩的蛋挞壳。

11. 蛋挞做好啦。

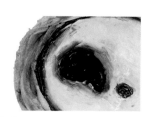

12. 局部特写。

比萨

材料 白色、黄色、黑色、蓝色、红色、绿色黏土

工具 红色、白色、咖啡色、黄色、淡黄色丙烯颜料，
画笔，小刀片，七本钢针，光油

1. 取白色、黄色黏土揉合调出淡黄色。

2. 用小刀片切出三角形状，再用七本钢针在边缘做出纹理。

3. 正面效果。

4. 用红色、白色、咖啡色、黄色、淡黄色丙烯颜料涂抹比萨。

5. 涂抹出如上图效果。

6. 取黑色和蓝色黏土调出深蓝色，搓成球体作为蓝莓。取红色黏土搓成长条作为番茄条。取绿色黏土搓成长条作为青椒。

7. 加上了装饰的比萨。

8. 最后用光油涂抹比萨。

9. 比萨做好啦。

葡萄干蛋糕

材料 淡黄色、红色、蓝色黏土

工具 白色、黄色、咖啡色、淡黄色、红色丙烯颜料，
画笔，小刀片，七本钢针，光油

1. 取淡黄色黏土做长方体,边缘用小刀片切整齐。

2. 将做好的长方体卷起来,用七本钢针做纹理。

3. 取红色和蓝色黏土揉合(用量如上图)。

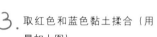

4. 调出葡萄干颜色。

5. 做多颗小葡萄干,粘在蛋糕上。

6. 用白色、黄色、咖啡色、淡黄色、红色丙烯颜料涂抹蛋糕表面。

7. 涂抹完成后的效果。

8. 最后用光油涂抹。

9. 葡萄干蛋糕做好啦。

排骨

材料	白色、灰色、淡黄色、咖啡色、红色、黄色、浅绿色、绿色黏土
工具	咖啡色、红色、黄色丙烯颜料，画笔，光油

高级

34

1. 先做骨头，取白色黏土做成矩形。

2. 取灰色黏土做成椭圆形粘在两端。

3. 取咖啡色、红色、黄色丙烯颜料。

4. 在做好的骨头上涂颜色。

5. 用淡黄色黏土在骨头上包一层。

6. 取咖啡色黏土揉合成肉块的形状。

7. 接着用上面使用过的3种颜料上颜色。

8. 上色后如上图。

9. 取浅绿色、绿色黏土揉合做葱花（取量如上图）。

10. 揉合后压扁，用小刀片切成矩形。

11. 将矩形片搓起来，葱花就做好了。将葱花粘到排骨上即可。

12. 用光油涂抹排骨表面，增亮提色，会变得更有食欲。排骨就做好啦。

13. 排骨做好啦。

14. 再来拍一张。

烤红薯

材料 黄色、灰色、咖啡色黏土

工具 红色、黄色、咖啡色丙烯颜料，画笔，
光油，小刀片

1. 取黄色黏土搓成椭球体。

2. 等到椭球体晾到半干的时候，用小刀片切开。

3. 将椭球体掰成两半。

4. 把边缘掰烂一点。

5. 取灰色和咖啡色黏土揉合作为红薯皮。

6. 将调好的黏土压扁。

7. 将压扁的红薯皮包裹在做好的红薯上。

8. 用红色、黄色、咖啡色丙烯颜料涂抹颜色。

9. 颜色涂抹完成后的效果。

10. 用光油涂抹，增加其逼真的效果。

11. "热气腾腾"的烤红薯做好啦。

烤鸭

材料 黄色、咖啡色黏土

工具 红色、黄色、咖啡色丙烯颜料，画笔，光油，
七本钢针

1. 取黄色、咖啡色黏土揉合调出烤鸭的颜色。

2. 做烤鸭的身体，如上图形状，尖尖的那头是鸭屁股。

3. 如上图做鸭腿。

4. 将鸭腿粘在身体上。

5. 做鸭脖子和鸭头，鸭头有大致的形状就好。

6. 将鸭头弯回去一点，粘在身体上。

7. 用七本钢针在身体上戳洞洞，做出鸭皮效果。

8. 用红色、黄色、咖啡色丙烯颜料涂颜色。

9. 颜色涂抹后的效果。

10. 正面效果。

11. 最后用光油涂抹。

12. 完成后的效果。

面条

材 料 黑色、白色、黄色、绿色黏土

工 具 丸棒，小刀片，光油

1. 取黑色黏土搓成小碗的形状。

2. 用丸棒在中间压下去，用手指做修饰。

3. 碗做好后，接着做面条，取白色黏土压扁，用小刀片切成细长条。

4. 如上图效果，做很多面条。

5. 白色黏土压扁，加黄色椭圆黏土做煎蛋。再用绿色黏土做一些绿绿的小葱花，撒在面条上。

6. 为了增添效果，用光油刷在面上，面条就做好了。

Chapter

03

houseware 生活物件

杯子

材料　黄色、咖啡色、白色、黑色黏土

工具　丸棒

1. 取黄色黏土做一个上大下小的圆柱体。

2. 用丸棒在顶端轻压。

3. 然后取黄色黏土搓成小长条，做杯子手柄。

4. 将做好的手柄粘在杯子上。

5. 取咖啡色黏土做一个椭圆形、两个圆形分别作为小熊的头部和耳朵。

6. 取白色黏土做成椭圆形粘在小熊头部。

7. 取黑色黏土做小熊的眼睛和鼻子，小熊装饰就做好了。

8. 将小熊装饰粘在杯身上，杯子就做好啦。

茶壶

材料 咖啡色黏土

1. 取咖啡色黏土做成扁球体。

2. 做半球体为壶盖。

3. 搓细长条，包裹在壶盖周围。

4. 将做好的各部分组合后，顶部加一个小圆球。

5. 最后搓细长条做手柄，搓一个小圆柱体做壶嘴，茶壶就做好啦。

6. 侧面的效果。

椅子

材料 粉色、白色黏土

1. 取粉色黏土做成扁圆和扁椭圆。

2. 接着做椅子的腿，取白色黏土做四个一样大小的圆柱体。再单独做一个小一点的圆柱。

3. 将四条腿晾干后与扁圆黏合。

4. 侧面的效果。

5. 将单独的小圆柱与扁椭圆黏合。

6. 最后把这两部分黏合起来，椅子就做好啦。

台灯

材料 绿色、白色黏土

工具 丸棒，小刀片

1. 取绿色黏土做成类似小山头的形状，作为灯罩。

2. 接着用丸棒在底部轻轻摁压出小坑。

3. 然后做小圆柱黏合在灯罩的顶部。

4. 做台灯底座，取绿色黏土做扁圆状圆饼。

5. 接着用白色黏土做灯罩与灯座连接处，用小刀片切长矩形，再切出纹理。

6. 晾半干后与灯座黏合。

7. 最后将灯罩也黏合上去。

8. 台灯就做好啦。

电视机

材料 黑色、灰色、白色黏土

工具 小刀片、丸棒

1. 取黑色黏土做一个长方体。

2. 接着用丸棒轻轻摁压出小坑。

3. 接着用灰色黏土做屏幕，将黏土摁扁，用小刀片切出形状，取白色黏土做两个小扁圆，分别粘在长方体上。

4. 最后取黑色黏土搓两条细线做天线粘在电视机顶部。

闹钟

材料 蓝色、白色、黑色、灰色黏土

1. 取蓝色黏土做成球体，然后压扁，做成厚厚的扁圆柱。

2. 接着取白色黏土做成球体压扁，粘到扁圆柱上去。

3. 然后用黑色黏土搓细线做一些数字，搓稍粗些的线条做时针和分针，搓小球做表盘上的修饰。

4. 取灰色黏土搓两个小球体。

5. 将灰色小球体与闹钟底部黏合，再取蓝色黏土做两个球体压扁一点粘到闹钟顶部两边。

6. 然后加一点如上图的小装饰，闹钟就做好了。

沙发

材料 淡黄色黏土

工具 小刀片

1. 取淡黄色黏土做成长方体，作为沙发座垫。

2. 然后做沙发的靠背，做一个稍薄的长方体，用小刀片轻压。

3. 将做好的靠背粘在座垫上，搓小球做靠背的装饰。

4. 再做两个长方体为扶手。

5. 将扶手粘上去。

6. 沙发就做好啦。

床头柜

材料 咖啡色黏土

工具 小刀片

1. 取咖啡色黏土做一个长方体。

2. 侧面的效果。

3. 然后再取咖啡色黏土摁扁，用小刀片切成长方形。

4. 将做好的两部分粘在一起。

5. 继续做长方形，用小刀片做压痕。

6. 将长方形粘在柜子上面作为抽屉。

7. 做两个小圆柱作为把手。

8. 床头柜就做好啦。

床

材料 粉色、白色、灰色粘土

工具 小刀片

1. 取粉色黏土做成心的形状，然后用小刀片将底部切掉。

2. 再用小刀片压出纹理。

3. 接着用白色黏土搓细长条包裹在床头周围，作为小装饰。

4. 再做床板，取白色黏土摁扁，用小刀片切出长方形。

5. 做床垫，同样方法，取粉红色黏土切成长方形。

6. 把做好的几部分粘起来。

7. 取灰色黏土搓四个一头略小的小圆柱做床脚。

8. 床脚晾干后粘上去。

9. 小床就做好啦。

雨伞

材料　粉色、白色、黑色黏土
工具　小刀片

1. 取粉色黏土做成扁扁的圆饼。

2. 用小刀片切出雨伞伞面的花纹。

3. 再切成七个小三角。

4. 将七个小三角拼合在一起。

5. 取白色黏土搓细长条，黑色黏土搓细条，并将其弯曲做伞柄。

6. 晾干后把各部分粘在一起，再取白色黏土做小装饰。

7. 雨伞做好啦。

8. 底部的效果。

56

书包

材料 黄色、黑色、橘色、灰色黏土

工具 小刀片

1. 取黄色黏土搓成小山头形状。

2. 侧面的效果。

3. 接下来做书包上的小包包，做一个压扁的半圆。

4. 将做好的半圆粘到书包上，用黑色黏土做装饰（用小刀片切矩形）。

5. 侧面的效果。

6. 取橘色黏土搓细长条，包裹在书包上，作为拉链。

7. 用小刀片切两个长方形，做两侧的口袋。

8. 将做好的口袋粘在两边。

9. 俯视的效果。

10. 再搓两个灰色的小翅膀做装饰。

11. 然后再做两个黑色的小触角粘上去，书包基本就做好啦。

12. 最后做背带，用小刀片切矩形。

13. 将背带粘在书包背面。

14. 书包做好啦。

15. 侧面的效果。

帽子

材料 粉色、黄色、黑色、红色黏土

工具 丸棒、小刀片

1. 取粉色黏土搓球体。

2. 用丸棒在球体的中间部位摁一个小坑。

3. 用手做修饰，做出如上图的效果。

4. 用小刀片压出帽子纹理，再搓一个小球粘在帽子中间。

5. 做类似月亮的形状作为帽沿。

6. 将做好的两部分黏合。

7. 接着做一只小鸭子作为装饰。取黄色黏土做成扁扁的椭圆形和圆形，并如上图黏合在一起。

8. 再分别取黑色黏土和红色黏土做成眼睛和嘴巴，粘到小鸭子脸上，小鸭子便做好了。

9. 将小鸭子粘到帽子上。

10. 还可以在帽沿部分加一点走线，增加逼真效果。

Chapter

04

animals 动

物

小黄鸭

材料 黄色、橘色、黑色、白色黏土

1. 首先做小黄鸭的身体，取黄色黏土做一个大的雨滴形状。

2. 雨滴正面效果图，尖尖的部分是尾巴。

3. 接着做小黄鸭的翅膀，用黄色黏土做两个小的雨滴形状。

4. 翅膀做好后，粘在身体的两侧。

5. 然后做头部，搓一个大圆球粘在身体上，再做一个小三角粘在头顶。

6. 取橘色黏土做两个半圆体作为小黄鸭的嘴巴。

7. 将两片嘴巴粘上去，然后取黑色黏土做两个扁椭圆体作为眼睛，再用白色黏土作为眼睛的高光部分，小黄鸭就完成啦。

8. 小黄鸭侧面的效果。

小鸡

材料 黄色、黑色、橘色、粉色、红色、白色黏土

工具 小刀片

1. 先做小鸡的身体，取黄色黏土搓一个一端突起的尖椭圆体。

2. 小鸡身体的侧面效果图。

3. 在小鸡身体上加上黑色的圆眼睛。

4. 取橘色黏土做一个菱形，中间用小刀片做压痕，作为小鸡的嘴巴。

5. 用粉色黏土做两个扁椭圆，作为红脸蛋。

6. 用红色黏土搓三个小小的圆柱体，作为鸡冠。

7. 接下来搓两个白色小球，作为小鸡的脚。

8. 搓六个一样大小的小圆柱，作为脚趾。

9. 做两个黄色扁椭圆，作为小翅膀。

10. 小鸡就做好啦。

海豚

材料 天蓝色、黑色、白色、粉色黏土

1. 取天蓝色黏土做小海豚的身体，如上图做成大雨滴的形状。

2. 用手指轻轻做出面部起伏的样子。

3. 取黑色黏土做两个黑色的小圆形，作为海豚的眼睛，并在眼睛上加白色小圆点，再搓一条黑色细线作为嘴巴。

4. 用粉色黏土做两个扁椭圆，作为粉红色的小脸蛋，取白色黏土做扁肚皮，粘到海豚腹部。

5. 侧面的效果。

6. 用天蓝色黏土做出小海豚的鳍。

7. 小海豚完成后的效果图。

兔子

材 料 灰色、白色、黑色黏土

1. 首先做小兔子的头部，取灰色黏土搓出一个球体。

2. 用白色黏土做两个扁椭圆和一个小的椭圆，如上图粘好。

3. 用黑色黏土做出黑色的眼睛和鼻子，用白色黏土做出眼睛的高光效果。

4. 接着做耳朵，用灰色黏土做出椭圆耳朵形状，再用白色黏土做一对略小的椭圆耳朵形状，覆盖在灰色耳朵上。

5. 将做好的耳朵粘在耳朵位置，并用手指稍作弯曲做造型。

6. 做身体部分，用灰色黏土做一个上面小下面大的形状。

7. 用灰色黏土做两个一端尖尖的胖圆柱形状作为腿。

8. 将腿和身体部分黏合好。

9. 用同样方法做出小兔子的另外两条腿。

10. 小兔子身体的正面效果图。

11. 把做好的头部粘上去，最后别忘了加小尾巴哦。

熊猫

材料 白色、黑色黏土

工具 小刀片

1. 先做熊猫的头部，取白色黏土做一个球体，用手指轻轻摁出眼窝。

2. 头部的侧面效果。

3. 取黑色黏土做扁椭圆体，分别作为眼睛和耳朵。

4. 接着用黑色黏土捏一个椭圆体作为鼻子，搓两条黑色细线作为嘴巴，再用白色黏土捏两个扁椭圆作为眼珠。

5. 做好黑色瞳孔后粘在眼珠上，再取黑色黏土做一个块状体与头部黏合。

6. 取白色黏土做一个胖胖的圆球作为肚子，与之前做好的部分黏合。

7. 用黑色黏土做两个小圆柱作为熊猫的腿，别忘了加上圆圆的小尾巴。

8. 用黑色黏土做两条胖胖的胳膊，中间用手轻压出折痕，再用小刀片刻划出手指。

9. 将做好的胳膊粘上去，熊猫就做好啦。

泰迪犬

材料 咖啡色、白色、黑色、红色黏土

工具 丸棒，小刀片，七本钢针

1. 先做小泰迪的头部，取咖啡色黏土搓一个球体。

2. 接着做一个底部平平的半球体。

3. 将半圆体粘在头部上，用丸棒取好眼睛的位置，用小刀片压出嘴巴的形状。

4. 取咖啡色黏土搓一个胖的椭球体作为身体。

5. 用小刀片在胖椭圆体上压出"十"字。

6. 在"十"字的部分捏出四条腿。

7. 将腿的位置修饰到满意的程度。

8. 取咖啡色黏土压扁。

9. 等头部部分完全晾干后，将压扁的咖啡色黏土部分包裹在脑袋上。

10. 用七本钢针挑出泰迪的毛发。

11. 取白色和黑色黏土如上图做出泰迪的眼睛和圆鼻子。

12. 用咖啡色黏土做两个雨滴形状的耳朵。

13. 将耳朵粘在头部两侧。

14. 继续用咖啡色黏土做一个压扁的部分。

15. 将第14步做好的部分包裹在晾干的身体上。

16. 同样用七本钢针做毛发。

17. 最后做小衣服，将白色黏土压扁，用小刀片切出长方形部分。

18. 将第17步做好的部分包裹在身体上。

19. 用红色黏土做几根条纹粘在衣服上，并丰富细节。

20. 将头部粘在身体上，小泰迪就做好啦。

考拉

材 料 灰色、白色、黑色、浅紫色、粉色、黄色、咖啡色黏土

工 具 丸棒，小刀片，剪刀

1. 先做小考拉的脑袋，取灰色黏土搓一个球体。

2. 将脑袋 1/2 的位置（上方）和眼窝的部分轻轻摁出。

3. 用丸棒轻轻压出眼睛的位置。

4. 确定位置后，取白色和黑色黏土，分别做两个扁圆体，如上图进行叠加。

5. 然后做小考拉的耳朵，取灰色黏土搓两个圆球，用丸棒压出耳窝。

6. 再取白色黏土做两个扁圆体，放在耳窝位置，耳朵就做好啦。

7. 接下来做身体，取灰色黏土做一个圆圆胖胖的上小下大的形状。

8. 用手指轻轻摁出腿部所在的位置。

9. 侧面效果，右边突出的是小考拉的屁股。

10. 用灰色黏土搓两个小圆柱作为腿。

11. 取白色黏土做一个扁椭圆体作为小考拉的肚子，然后把腿粘上。

12. 接着做小考拉的衣服，取浅紫色黏土摁扁，用小刀片切出一个长方形。

1 3. 将浅紫色长方形裹在身体上，多余部分用剪刀修剪掉。

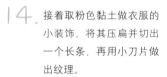

1 4. 接着取粉色黏土做衣服的小装饰，将其压扁并切出一个长条，再用小刀片做出纹理。

1 5. 长条纹理小特写。

1 6. 将第15步做好的小装饰裹在衣服的上下两个部位。在衣服上做装饰，用黄色黏土压一个扁圆体作为装饰小鸭的脑袋，再用黑色黏土做小鸭的眼睛，用咖啡色黏土做小鸭的嘴巴。

1 7. 用紫色黏土做两个胖胖的小圆锥体，再用上述方法做两条粉色小装饰带粘在圆锥体下部，将小圆锥的底部用丸棒做压痕，作为袖子。再用灰色黏土做两个球体。

1 8. 将灰色球体粘在袖子底部作为上肢，再将脑袋粘在身体上。然后取黑色黏土做出水滴形状作为小考拉的鼻子，小考拉就做好啦。

1 9. 侧面的效果。

刺猬

材料　肤色、白色、黑色、粉色黏土

工具　剪刀

1. 先做小刺猬的身体。取肤色黏土做出小山头形状。

2. 取白色黏土做两个圆圆的眼睛，再用肤色黏土做一个胖圆锥形鼻子。

3. 侧面的效果。

4. 用黑色黏土做圆鼻头和眼珠，用肤色黏土做两个小耳朵，用粉色黏土做两个扁椭圆形的红脸蛋。

5. 用肤色黏土搓两个小圆柱体作为手臂。

6. 将手臂粘在做好的身体上。

7. 侧面的效果。

8. 取白色和黑色黏土揉合，调出深灰色。

9. 将深灰色圆球压扁，用剪刀剪出很多小长条。

10. 将小长条全部依次粘在小刺猬的身体上，小刺猬就做好啦。

折耳猫

材料 白色、咖啡色、黑色、粉色、黄色黏土

工具 丸棒，小刀片

1. 首先做小猫的头部，取白色黏土搓一个椭球体。

2. 用丸棒压出眼睛的位置，接着做三个雨滴形状，粘在如上图位置。

3. 取咖啡色、黑色和白色黏土依次做扁圆体叠加，用来作为小猫的眼睛。取粉色黏土做出如上图的小鼻子。

4. 取黄色黏土压扁，粘在头部上做斑纹，记得加上白色的三角形耳朵。

5. 接着做身体，用白色黏土搓一个胖椭圆体，分别捏出四肢，并用小刀片在四肢上切出爪子的形状。

6. 侧面的效果。

7. 取黄色黏土搓一个胖圆柱作为尾巴。

8. 取白色黏土摁扁，用小刀片切出长矩形，作为尾巴的花纹。

9. 将尾巴的白色花纹如上图包裹到尾巴上，将小猫头部和尾巴粘到身体上。

10. 小猫完成啦。

11. 背面的效果。

鼹鼠

材料 黑色、白色、灰色、红色、肤色黏土

工具 小刀片、丸棒

1. 先取黑色黏土搓一个小山头形状，作为鼹鼠的身体。

2. 将 1/2 靠上的部分轻轻按压，做一个葫芦的形状。

3. 取白色黏土做两个扁圆形，作为鼹鼠的眼睛。

4. 取黑色黏土做两个小眼珠粘在眼睛上。

5. 取灰色黏土做成扁椭圆，再用小刀片划出小三角。

6. 将小三角部分切掉，再调整成桃心形状，做成嘴巴部分。

7. 将嘴巴部分粘在眼睛的下面。

8. 取灰色黏土做上小下大的椭圆，作为鼹鼠的肚皮。

9. 将肚皮与身体黏合。

10. 嘴部位置用丸棒挖小坑，填黑色黏土，并粘一条如上图的黑色细线。

11. 取黑色黏土搓一个小小的类圆椎体作为鼻子。

12. 鼻子粘上后，取一点点红色黏土搓圆粘在鼻尖做鼻头。

13. 侧面的效果。

14. 接下来做脚，取肤色黏土做两个半圆形。

15. 用小刀片划出脚趾，放在一边晾干。

16. 取黑色黏土搓一些黑色细线，作为呆毛和胡须。

17. 做两个黑色圆柱作为胳膊。

18. 将胳膊粘到鼹鼠身体两侧，并调整成合适的姿势。

19. 手由五部分组成，捏成如上图中的形状。

20. 将手掌各部分按上图所示黏合至手臂上。

21. 等脚完全晾干后，将身体与脚黏合，鼹鼠就大功告成了。

84

哈士奇

85

1. 首先做哈士奇的头部，取白色黏土搓一个上小下大的球体，并用手指轻轻压出眼窝的位置。

2. 头部侧面的效果。

3. 取黑色黏土做两个扁扁的长椭圆形作为眼睛。

4. 将眼睛贴到头部上，多余部分可用剪刀剪掉。

5. 用黑色黏土做一个扁扁的大椭圆形，用来包裹在哈士奇的头部的后面位置。

6. 效果如上图。

7. 接下来做耳朵，分别取黑色和白色黏土做水滴状，如上图叠加。

8. 将耳朵粘在哈士奇的头部。

9. 取白色黏土做两个扁圆形粘在眼睛上。

10. 再取白色黏土做两个小椭圆形如上图粘好。

11. 取天蓝色黏土做成扁圆作为眼珠，粘到眼睛上。

12. 取黑色黏土搓一个圆球做一个圆圆的鼻子和一条细细的线，细线下方再做个小嘴巴。

13. 接下来做身体部分，取白色黏土做一个胖胖圆圆的形状。

14. 将头部粘在身体上，然后取白色黏土搓两个小圆柱作为胳膊。

15. 再用白色黏土做两个上面大下面小的柱体作为小狗的腿。

16. 取黑色黏土做一头大一头小的类圆锥体作为尾巴。

17. 等腿和尾巴半干后，就可以与身体结合啦。

18. 哈士奇身体侧面的效果。

19. 接下来做一个小铃铛，取黄色黏土做一个圆球体，用丸棒做出如上图的压痕。

20. 取蓝色黏土搓一条蓝色的线条，围在哈士奇脖子上，再把铃铛粘上，哈士奇就完成啦。

浣熊

材 料 浅棕色、肤色、黑色、白色黏土

工 具 小刀片

1. 首先做好浣熊的头部，取浅棕色黏土搓成像粽子一样的形状。

2. 再取肤色黏土做两个扁椭圆形。

3. 取黑色黏土做两个比肤色椭圆形略小的扁椭圆形，如上图依次粘在脑袋上。

4. 再取肤色黏土做一个扁椭圆体，粘在嘴巴位置，取黑色黏土做一个小球作为鼻子。

5. 取适量黑色黏土做眼球，取一点白色黏土做眼睛的高光效果。

6. 取浅棕色黏土做两个三角作为耳朵，再做两个黑色的扁三角形粘上去，可以丰富一下细节方面。

7. 将做好的耳朵粘在浣熊头部。

8. 接着做身体，用浅棕色黏土做一个小山头形状，用小刀片在中间划开。

9. 取浅棕色黏土做两只圆柱形的小胳膊，取白色黏土做扁椭圆作为肚皮，将胳膊和肚皮粘到如上图的位置后，身体部分就做好啦。

10. 最后做尾巴，先做浅棕色长圆柱，再在它上面包裹黑色的长矩形，长矩形用小刀片切出。

11. 尾巴做好后效果如上图，再将头部粘在身体上面。

12. 小浣熊就做好啦。

动漫
Animation

无脸男

材料 黑色、白色、灰色黏土

工具 小刀片

1. 首先做无脸男的身体，取黑色黏土搓一个圆锥体。

2. 接着做脸，取白色黏土做一个扁椭圆。

3. 取灰色黏土压扁，用小刀片切出一个三角形。

4. 按上述方法做四个三角形，再取黑色黏土做两个圆圆的眼睛，捏一个黑色细长条作为嘴巴，脸部完成。

5. 最后搓两个小圆柱做手臂，无脸男就做好啦。

6. 侧面的效果。

哆啦A梦

材料 蓝色、白色、黑色、红色、粉色、黄色黏土

工具 剪刀

1. 首先做哆啦A梦的头部，取蓝色黏土搓一个球体。

2. 接着取白色黏土做一个扁椭圆，粘到头部。

3. 侧面的效果。

4. 做两个白色扁椭圆作为眼睛，做两个黑色的小扁椭圆作为黑眼珠，黑眼珠上做白色高光效果。

5. 在嘴巴位置戳小洞，加上红鼻子和粉红色脸蛋儿，搓黑色的细线，粘在鼻子下面。

6. 取蓝色黏土做一个小山头形状，用剪刀在中间位置剪开，以此作为身体。

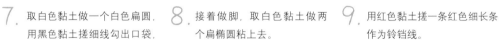

7. 取白色黏土做一个白色扁圆，用黑色黏土搓细线勾出口袋，把这两部分如上图粘好。

8. 接着做脚，取白色黏土做两个扁椭圆粘上去。

9. 用红色黏土搓一条红色细长条作为铃铛线。

10. 将头部粘到身体上，取黄色黏土做一个球体作为铃铛，将其粘在哆啦A梦脖子上。

11. 最后用蓝色黏土做两个圆柱体和两个球体，黏合起来作为胳膊和手，哆啦A梦就做好啦。

12. 侧面的效果。

Hello Kitty

材料 白色、黑色、黃色黏土

工具 小刀片

1. 首先取白色黏土搓一个椭球体作为头部。

2. 取白色黏土捏两个三角体，用黄色黏土搓一个椭球体作为鼻子。

3. 取黄色黏土做两个扁的三角形和一个椭球体，用小刀片切出如上图中的纹理。

4. 将步骤3中的各部分如上图粘在一起，蝴蝶结就做好了。

5. 取黑色黏土做两个椭圆形眼睛，并用黑色黏土搓几条细线条作为胡子，将做好的蝴蝶结粘在头上。

6. 接着做身体，取黄色黏土做一个小山头形状，并取白色黏土做一个扁椭圆体放在其顶端作为颈部。

7. 取白色黏土搓两个小圆柱作为腿。

8. 接着做胳膊，取黄色黏土搓两个小圆柱，并取白色黏土搓细线将胳膊包裹，做出衣服的效果。

9. 将做好的各部分黏合好，最后再搓白色小圆柱粘到胳膊上。Hello Kitty 就完成了。

蜡笔小新

材料 肤色、黑色、白色、红色、黄色黏土

工具 钢针，丸棒，小刀片

1. 取肤色黏土做脑袋，做成梨子的形状，并将一端如上图摁扁。

2. 取黑色黏土做两个圆圆的眼睛和弯眉毛，用钢针戳出小嘴巴。

3. 取白色黏土做小圆片粘在眼睛上，取肤色黏土做小圆片作为耳朵粘在如上图位置。

4. 接着做头发，取黑色黏土做一个扁圆形。

5. 将其粘在头部，头部就做好了。

6. 接着做身体，取红色黏土做一个不规则的方体。

7. 取黄色黏土做两个小圆柱体，用丸棒压出小坑，作为小短裤。

8. 将已做好的各部分黏合，再取红色黏土做两小圆柱体作为短袖分别粘在身体两侧。

9. 取肤色黏土搓两个小圆柱体，用手在一端慢慢修饰出脚的样子。

10. 取肤色黏土做圆柱形手臂，一端摁扁。

11. 用小刀片在摁扁的一端划出手指的印迹。

12. 将做好的腿和手臂粘在身体上，蜡笔小新就做好啦。

刺猬先生

材料 肤色、黑色、绿色、咖啡色黏土

工具 小刀片，剪刀，金色丙烯颜料，画笔

1. 首先做刺猬的身体，取肤色黏土搓成梨子的形状。

2. 取肤色黏土搓一个顶部尖尖的圆形，粘在身体上。

3. 接着用黑色黏土做如上图中的五官：球形的大鼻子，椭圆形的眼睛，直线条的眉毛，月牙形的嘴巴，细点状的胡渣以及鼻子和嘴巴之间的连线。

4. 取绿色黏土摁扁，用小刀片切出矩形。

5. 将矩形包裹在身体底部，多余部分用剪刀剪掉，再用小刀片切出衣服背带。

6. 取金色丙烯颜料点缀衣服，丰富细节。

7. 接着做腿，取肤色黏土做两个圆柱体，再取绿色黏土做两个矩形包边儿。

8. 取肤色黏土做两端大小不一的圆柱体作为胳膊，再取黑色黏土做小圆锥状的手指，并将手指粘在做好的胳膊上。

9. 将做好的腿粘上去，并用黑色黏土分别在两条腿上做三个三角的脚趾。再将做好的胳膊粘到正确位置。

10. 取咖啡色黏土做很多长条，作为刺猬的刺。

11. 将刺全部依次粘在身体上，如上图效果。

12. 取深绿色和黑色黏土做帽子（取量如上图），将其揉合。

13. 做一个半圆体作为帽子，再搓长的圆柱条作帽沿。

14. 将帽沿绕帽子底部一圈黏合，并在帽子顶部切一条装饰线。最后用黑色黏土做羽毛状的装饰物粘在帽子侧面。

15. 将小帽子粘到如上图位置，刺猬先生就做好啦。

龙猫

材料　灰色、白色、黑色、粉色黏土

1. 取灰色黏土搓一个小山头的形状，用手指将头部与身体的衔接处轻轻修饰出来。

2. 接着做眼睛，取白色黏土搓两个扁圆粘在头部上。

3. 取黑色黏土做眼球和小鼻子，取粉色黏土做两个小脸蛋儿，取白色黏土做扁的半椭圆作为白肚皮。

4. 取灰色黏土做两个尖尖的耳朵，并搓一些灰色的细长条作为身体装饰。

5. 取灰色黏土搓两个小圆柱做胳膊，两个扁椭圆做脚掌。

6. 取灰色黏土做两端大小不一的圆柱体作为尾巴。

7. 将尾巴粘到如上图中的位置。

8. 最后取黑色黏土搓一些细线作为胡子，龙猫就做好啦。

海绵宝宝

材料 黄色、白色、蓝色、黑色、灰色、咖啡色、红色黏土

工具 小刀片，丸棒，细铁丝

1. 首先取黄色黏土做一个长方体作为身体。

2. 用小刀片轻轻压出海绵的纹理。

3. 取白色黏土搓两个扁圆，再取蓝色黏土做两个扁圆覆盖在其上，做出眼睛。

4. 在眼睛上做黑色小扁圆和白色小点，并搓黑色细线将眼睛包一圈，用小刀片切出黑色的小矩形做眉毛。

5. 取黄色黏土做两个椭圆体，粘在脸蛋儿的位置，取黑色粘土搓细线做嘴巴。

6. 用小刀片切白色小矩形做牙齿，将丸棒用灰色黏土做出海绵坑坑洼洼的效果。

7. 将牙齿和灰色的坑坑洼洼效果状部分粘到如上图中的位置。

8. 取咖啡色和白色黏土分别做两个扁的长方体。

9. 将上述所做部分如上图全部粘在一起。

10. 接着做如上图所示的衣服装饰。取红色黏土摁扁，然后用小刀片切出如上图的形状即可作为红色小领带。

11. 取黄色黏土做扁矩形，再取两根细铁丝，将黄色矩形包裹在铁丝上。

12. 取白色黏土做扁矩形，包裹在黄色黏土下方，然后用黑色、红色、蓝色黏土搓细线做装饰，腿和袜子就做好了。再做黑色椭球体和球体，将其黏合做成鞋子。

13. 将腿和鞋子黏合。

14. 将腿部的细铁丝插在身体里。

15. 取黄色黏土做一个细长条、一个圆形和四个小圆柱，并组合成手臂。

16. 取白色黏土做两个三角体粘在身体两侧作为袖子，再将手臂粘在袖子上。

17. 海绵宝宝做好啦。

18. 侧面的效果。

19. 背面的效果。

20. 正面的效果。

派大星

材料 粉色、白色、黑色、绿色、蓝色黏土

工具 小刀片，钢针

1. 取粉色黏土做一个三角体。

2. 取白色黏土做两个扁椭圆体作为眼睛。

3. 取白色黏土做扁椭圆作为眼白，搓黑色细线绕眼白一圈，然后取黑色黏土做眼球，用小刀片切出黑色小矩形做眉毛，搓黑色细线做微笑的嘴巴。

4. 取绿色黏土摁扁，用小刀片切矩形。

5. 将上述所做矩形包裹在身体上。

6. 取粉色黏土做两个底部平坦的小圆柱体，取绿色黏土做如上图所示矩形并包裹住小圆柱体。

7. 接着做派大星裤子的花纹，取蓝色黏土做三个雨滴状造型。

8. 将三个雨滴状造型按上图的形状黏合，裤子的装饰花纹就做好了。做三个装饰花纹备用。

9. 将两个裤子花纹分别粘在两个裤腿上，并在花纹周围绕上黑色细线。

10. 将最后一个花纹粘在腰部，并搓黑色细线做腰带和肚脐。将派大星与身体黏合，并做两个粉色小圆柱体做胳膊。最后在身体上用钢针扎一些小洞。

11. 派大星做好啦，他是海绵宝宝的好朋友。

大圣归来

材料 肤色、白色、咖啡色、黑色、红色、深咖啡色、黄色、灰色、深蓝色、天蓝色黏土

工具 黏土擀压棒，剪刀，钢针，丸棒，小刀片，细铁丝，咖啡色水彩颜料，银色丙烯颜料，画笔

1. 首先做大圣的脸，取肤色黏土做一个上大下小的长椭圆体。

2. 在脸上填土，如上图做出鼻子、颧骨等。

3. 取肤色黏土，用黏土擀压棒摁扁。

4. 将上述所做部分包在做好的脸部上。

5. 脸部特写。

6. 将多余部分用剪刀剪掉，用钢针画出嘴巴位置，用丸棒压出眼睛位置。

7. 取白色黏土做两个椭圆体作为眼白。

8. 取深咖啡色黏土做扁圆眼球，取黑色黏土做瞳孔，用黑色黏土搓细线将眼睛包边。

9. 用咖啡色水彩颜料画出脸部颜色，普通的水彩颜料就可以。

10. 脸部完成效果。

11. 接下来做大圣的后脑勺，取咖啡色黏土做一个半椭球体的形状。

12. 将做好的后脑勺贴在脸部的后面。

13. 取肤色黏土做两个雨滴的
形状作为耳朵。

14. 接下来做毛发，需要用咖啡色、红色、深咖啡色黏土来调出（用量如上图）。

15. 将上个步骤中的三种黏土揉合，得到一个偏红一点的深棕色球体。

16. 毛发分组、分片儿做好，做成雨滴形状，并用小刀片在上面切出纹路。

17. 毛发正面效果，慢慢添加。

18. 单个的头发为雨滴形状，用小刀片切出纹理。

19. 大圣的头部就做好了。

20. 接着开始做身体了。取咖啡色黏土，做一个上大下小的圆柱体。

21. 打磨成如上图的形状。

22. 侧面效果。

23. 接下来做脖子，脖子底部要做出衣领的形状效果，如上图所示。

24. 将做好的脖子粘在身体上。

25. 身体侧面效果。

26. 取咖啡色黏土做细条毛发，依次粘在脖子上。

27. 接着做衣服，取白色、黄色黏土揉合调色，用量如上图。

28. 调出浅黄色黏土，用擀压棒摁扁。

29. 用小刀片切出一个矩形。

30. 包裹在身体上。

31. 用剪刀修饰衣服。

32. 接着做衣领，取白色、灰色黏土揉合调色。

33. 调出浅灰色黏土做长矩形，包裹在衣领处。

34. 加上衣服后的身体效果。

35. 然后做腿，取深蓝色、肤色黏土揉合调色。

36. 做两个圆柱体作为大腿。

37. 将两条大腿粘在一起，用剪刀剪掉顶部，这样可以与身体更好地黏合。

38. 接着做小腿部分，取灰色黏土做两个圆柱体。

39. 再取咖啡色黏土做出如上图形状的脚。

40. 用小刀片切出脚趾的纹路。

41. 按步骤26的方法做一些毛发粘在脚上。

42. 接着做衣服，取步骤31中剩余的淡黄色黏土摁扁，用小刀片切出矩形。

43. 用小刀片在一边切出不规则的锯齿。

44. 取深蓝色、天蓝色、咖啡色黏土揉合，调出腰带的蓝灰色。

45. 做长长的矩形作为腰带，用小刀片切出纹路。

46. 等刚才做好的身体各部分半干后，将其全部组合。

47. 最后做胳膊，取咖啡色黏土做两个长圆柱体。

48. 长圆柱体一端摁扁，用剪刀剪出手指并修饰，另外单独取咖啡色黏土做两个圆椎体作为大拇指。

49. 按步骤 42、43 同样的方
法做衣服的袖子。

50. 将袖子包裹在胳膊上。

51. 将做好的胳膊粘在身体上。

52. 做手部装饰，取灰色黏土
做长矩形。

53. 小腿和身体加细铁丝，这
样可以让身体更加稳固
（将细铁丝直接插进如上
图部位）。

54. 用银色丙烯颜料涂抹大圣
腿部的护腕。

55. 等各部分晾干，将其全
部组合，并取灰色黏土
做任意形状的石头底座，
大圣就完成啦。

56. 特写。

寄生兽

材料 肤色、白色、红色、深绿色、黑色黏土

工具 丸棒，软陶工具，紫色水彩颜料，画笔

1. 首先取肤色黏土，搓一个胖胖的圆锥体。

2. 将圆锥体的靠上方位置搓起，搓的时候要预留出眼睛位置。

3. 侧面效果。

4. 用丸棒将眼窝部分压出。

5. 接着将底部脚的位置轻轻捏出（有大致形态就可以）。

6. 看看寄生兽是不是已经有模有样了。

7. 用软陶工具在寄生兽的嘴巴位置，压出两个点（用来标识嘴巴大小、位置）。

8. 用软陶工具截出一个张嘴微笑的嘴巴。

9. 取白色黏土，搓一个小长条，放在嘴巴里做牙齿。

10. 然后做嘴巴，取红色和肤色黏土，用量如上图，反复混合揉搓，调出淡红色。

11. 搓两个两头略尖的长条（上嘴唇较细）。

12. 将做好的上下嘴唇粘在嘴巴上。

13. 接下来做眼睛，取白色黏土，搓一个圆形粘在眼窝的部分。

14. 分别取深绿色、黑色、白色黏土做扁圆，依次叠加（大小如上图）。再用黑色黏土搓细线将其包裹，作为瞳孔。

15. 瞳孔做好后就可以粘在眼睛部位了。

16. 为了让寄生兽看起来棒棒的，一定要给它做武器。取肤色黏土，做两个扁扁的弯月亮的形状（一大一小）。

17. 可采用紫色水彩颜料来增添武器的效果。

18. 武器效果如上图。

19. 然后取肤色黏土做圆柱体作为胳膊，并与已做好的武器粘在一起。

20. 胳膊做好后就可以粘在身体上。寄生兽看起来好帅气！

21. 寄生兽侧面效果。

小黄人

材料 黄色、白色、咖啡色、黑色、天蓝色、灰色黏土

工具 小刀片，钢针，银色丙烯颜料，画笔

1. 取黄色黏土搓一个胖圆柱体。

2. 取白色黏土搓扁圆做眼白，再分别取咖啡色、黑色、白色黏土做扁圆依次叠加（大小如图），作为瞳孔，取黑色黏土搓细线将瞳孔围一圈，并将眼白、瞳孔粘到小黄人身上。

3. 用白色黏土做矩形长条包裹眼睛作为护目镜，用黑色黏土做矩形长条作为镜带。

4. 背面的效果。

5. 接着做衣服，取天蓝色黏土摁扁，用小刀片切出如上图形状。

6. 衣服是分两片做的，这是后面的一片，同样先把天蓝色黏土摁扁，再用小刀片切出。

7. 衣服前、后两片将身体包裹，取黑色黏土摁扁并用小刀片切半圆形做嘴巴，再取白色黏土做矩形长条，用小刀片切出4颗牙齿粘在嘴里。

8. 侧面的效果。

9. 取灰色黏土做细长条为衣服添加纹理，效果如上图。

10. 背面的效果。

11. 接下来做小短腿和鞋子，取天蓝色黏土做两个圆柱体作为腿粘在身体上，取黑色黏土做半椭圆体作为鞋子。

12. 如上图所示做一把尤克里里。

13. 取黄色黏土做长圆柱作为胳膊，取黑色黏土做手，用小刀片切出手指的形状。

14. 小特写。

15. 正面的效果。

16. 用钢针在脑袋顶上戳 6~8 个小洞，准备做头发。

17. 搓黑色细线作为头发。

18. 将黑色细线切成几段，分别粘到头顶戳好的小洞里，头发就做好了。

19. 用银色丙烯颜料涂护目镜。

20. 为了使成品更加稳固，用黑色黏土做一个圆形底座，再将小黄人粘上去，作品就完成了。

·舒克·

材料 白色、咖啡色、肤色、灰色、黑色、红色、蓝色、黄色黏土

工具 压痕棒，剪刀，小刀片

1. 取白色黏土揉一个球体。

2. 用压痕棒挤压出飞行帽与脸之间的轮廓。

3. 取咖啡色黏土做成片状与脸黏合。

4. 取肤色黏土搓小圆锥做舒克的鼻子。

5. 将鼻子与脸部黏合，并取肤色黏土做扁圆，用小刀片切出如上图形状。

6. 将做好的扁圆与脸黏合。

7. 取灰色黏土做椭圆状的眼睛。

8. 取黑色黏土做圆圆的眼睛，咖啡色黏土做球形的鼻子和月牙形的嘴巴，做好后黏合在脸部。

9. 取灰色黏土做一个椭圆，作为飞行帽上的装饰。

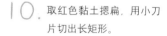

10. 取红色黏土摁扁，用小刀片切出长矩形。

11. 将其粘在帽子的正中间。

12. 接着做护目镜，取咖啡色黏土做"8"字形，再取蓝色黏土做两个椭圆环粘上去。

13. 取黑色黏土摁扁做圆形的大耳朵。

14. 将各部分组合后，舒克的头部就完成啦。

15. 接下来做身体部分，取咖啡色黏土做如上图形状。

16. 取黄色黏土摁扁，用小刀片切出长条矩形作为衣领。

17. 将做好的衣领粘在身体上。

18. 做一个黄色三角的形状作为裤衩。

19. 揉出四对几何形体，分别为圆柱体、扁圆体、半球体和长方体，然后将四部分按图中的方式组合，做成鞋子。

20. 取黑色黏土做两个小圆柱作为舒克的腿。

21. 将做好的腿与鞋子组合。

22. 取黄色黏土做两个圆柱体，然后用白色长条黏土包裹住底边，作为裤子。

23. 取咖啡色黏土做两个小圆柱，再用咖啡色长条将包住其一端，作为胳膊和袖子。

24. 将做好的胳膊粘在身体上。

25. 接着做白色手套，取白色黏土做圆柱体，将圆柱体一端摁扁，用剪刀剪出手指的形状，再取白色黏土做大拇指。

26. 将做好的各部分组合好后，舒克就做好啦。